眼镜博士的奇妙科学课

地球与月亮

刘鹤/编著　贾斌营/绘

吉林科学技术出版社

图书在版编目（CIP）数据

地球与月亮 / 刘鹤编著 . -- 长春：吉林科学技术
出版社，2020.9
（眼镜博士的奇妙科学课）
ISBN 978-7-5578-5033-3

Ⅰ . ①地… Ⅱ . ①刘… Ⅲ . ①地球－青少年读物②月
球－青少年读物 Ⅳ . ① P183-49 ② P184-49

中国版本图书馆 CIP 数据核字（2020）第 004402 号

眼镜博士的奇妙科学课：地球与月亮
YANJING BOSHI DE QIMIAO KEXUEKE:DIQIU YU YUELIANG

编　著	刘　鹤
绘　者	贾斌营
出版人	宛　霞
责任编辑	石　焱
助理编辑	吕东伦　高千卉
书籍装帧	吉林省格韵文化传媒有限公司
封面设计	吉林省格韵文化传媒有限公司
幅面尺寸	167 mm×235 mm
开　本	16
字　数	95 千字
页　数	120
印　张	7.5
印　数	1-7000 册
版　次	2020 年 9 月第 1 版
印　次	2020 年 9 月第 1 次印刷

出　版　吉林科学技术出版社
发　行　吉林科学技术出版社
地　址　长春市福祉大路 5788 号出版集团 A 座
邮　编　130118
发行部电话 / 传真　0431-81629529　81629530　81629531
　　　　　　　　　81629532　81629533　81629534
储运部电话　0431-86059116
编辑部电话　0431-81629516
印　刷　长春新华印刷集团有限公司

书　号　ISBN 978-7-5578-5033-3
定　价　35.00 元

眼镜博士的奇妙科学课

地球与月亮

眼镜老师

米粒

果果

可乐

小艾

淘淘

菲菲

朵朵

豆豆

姓名：_____

年龄：_____

一起加入眼镜老师的奇妙科学课，下一本的主角就是你！

第一课
穿越地球

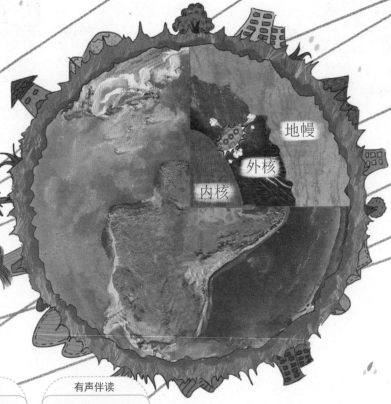

地幔

外核

内核

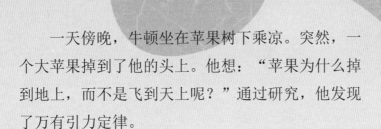

　　一天傍晚，牛顿坐在苹果树下乘凉。突然，一个大苹果掉到了他的头上。他想："苹果为什么掉到地上，而不是飞到天上呢？"通过研究，他发现了万有引力定律。

　　这天，眼镜老师走在树荫下。突然，一只毛毛虫掉到了他的脖子上，他吓了一跳。他猛然想到了牛顿的故事，这节课应该讲讲关于地球的知识了……

“丁零零——”上课的铃声响起，同学们迅速坐好。“今天，我们来认识一下我们生存的地球。”眼镜老师直奔主题。

8

果果的笔记

　　地球仪：地球仪是人们为了便于认识地球，仿造地球的形状，同比缩小后制成的地球模型。

　　"这个地球仪为什么没有旋转轴呢？"同学们低声讨论这个悬在空中不停旋转的"魔法球"。

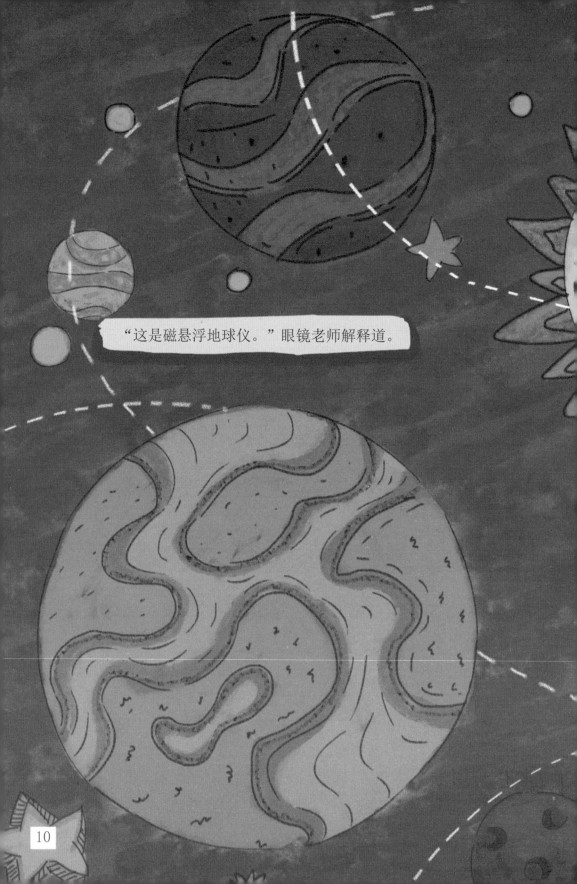

"这是磁悬浮地球仪。"眼镜老师解释道。

果果的笔记

　　磁悬浮地球仪：磁悬浮地球仪利用磁悬浮技术，无须转轴穿过球体，可悬浮于空中，更加生动地展现了地球在太空中的状态。磁悬浮地球仪的底盘有一个磁铁，通电后成为电磁铁，与球体底部的磁铁相斥而使球体悬空而起。

果果的笔记

磁悬浮列车的基本原理之一是磁铁的同名磁极相斥、异名磁极相吸。磁悬浮车上的超导体电磁铁形成一个磁场，与轨道上线圈形成的磁场之间相互排斥，使车体悬浮运行。

13

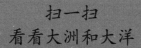

扫一扫
看看大洲和大洋

"地球仪为我们展示了地球的面貌，我们可以清晰地看到海洋和陆地。"眼镜老师说。

米粒的笔记

地球上有四大洋和七大洲。

根据面积大小，四大洋由大到小为：太平洋、大西洋、印度洋、北冰洋。

根据面积大小，七大洲由大到小为：亚洲、非洲、北美洲、南美洲、南极洲、欧洲、大洋洲。

"为了便于定位，人们设计了经度和纬度的坐标系统。"
眼镜老师拿起地球仪，让我们观察网格线。

米粒的笔记

　　经线和纬线是人们为了度量方便而假设出来的辅助线。经线是地球表面连接南北两极的半圆弧线。任意两根经线的长度都相等。每一根经线对应的数值，称为经度。东西经度各有 180°，东经经度从 0°往东至 180°；西经经度从 0°往西至 180°。纬线是与经线垂直的、与赤道平行的圆圈。赤道是最大的纬线圈，纬度为 0°。北极是北纬 90°，南极是南纬 90°。纬度越高纬线圈越小。

轮船在茫茫的大海上航行，飞机在广阔的天空中翱翔，有了经纬度的定位，就不会偏离目标。发生意外时，也可以通过经纬度的定位实施救援。

朵朵，我在北纬 40° 41′ 20.55″，西经 74° 2′ 39.79″，请速与我会合！

你在纽约看自由女神像？

我不分东南西北，还是不要出门了！

"如果要去纽约，有几种方法？"眼镜老师问道。

坐飞机！

走路！

坐轮船！

哈哈哈哈……

"你们的办法都是通过地球表面到达那里。今天，我们一起来开辟新路线！"眼镜老师目光炯炯地看着大家。

果果的笔记

地球圈层分为外部圈层和内部圈层。外部圈层包括：大气圈、水圈和生物圈。

外部圈层

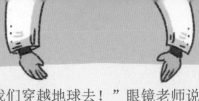

"走，我们穿越地球去！"眼镜老师说。他摘下眼镜，镜片对准窗外空旷的草坪，一辆神奇探测艇出现在眼前。

我们兴奋地上了车，好奇地东张西望。眼镜老师对自由女神像进行了定位。"同学们坐好，'地心一号'马上出发！"

眼镜老师话音刚落，我们立刻缩小。

24

"地心一号"载着我们冲向地心。眼镜老师让我们戴上耳机，阻隔巨大的噪声。

穿过地表的土层，我们来到了地壳。
我们在坚硬的岩石层中继续前进。

果果的笔记

地壳由岩石组成，大陆地壳平均厚度约 37 千米，海洋地壳平均厚度约 7 千米。

随着"地心一号"的深入，我们来到了地壳下层。

果果的笔记

　　地壳的上层是硅铝层，下层是硅镁层，硅铝层比硅镁层的面积小。海洋中的硅铝层受海水侵蚀，呈现出不连续的状态，而硅镁层则是连续分布的。

眼镜老师的驾驶技术一流，
带着同学们在岩石缝隙中穿行。

"地心一号"越过了岩石层，行驶逐步平稳，我们来到了地幔上层——软流层。

29

米粒的笔记

隔热服也叫热防护服，在接触火焰及炙热物体后能阻止身体被灼伤，保护人体不受伤害。石油、化工、冶金、玻璃等行业高温炉前作业的防护服装，以及用于消防、森林防火的消防服都属于热防护服。

穿过了软流层，周围出现各种岩石。为躲避岩石，"地心一号"不得不放缓速度。

透过窗户，我们看到除了灰黑色的岩石外，还有透明的、粉色的、绿色的、蓝色的岩石。

岩石块越来越大，"地心一号"开足马力穿越下地幔。

内

我们终于到达了地核。"地心一号"又进入了平稳状态，周围是不断涌动的液体。

地幔

外核

果果的笔记

地核分为外核和内核，外核是液态，内核是固态。

前方越来越亮，我们有点睁不开眼睛。眼镜老师不得不打开护眼灯，以免我们的眼睛被强光刺伤。这时，我们看清了地核的内核。

穿越地心，我们又依次进入地核、地幔和地壳，终于回到了地表，变回原来大小。

我们正站在自由女神像的前方，定位无误。

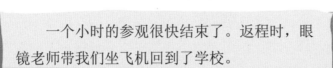

一个小时的参观很快结束了。返程时，眼镜老师带我们坐飞机回到了学校。

地球（Earth）是太阳系八大行星之一，按离太阳由近及远的次序计为第三颗，也是太阳系中直径、质量和密度最大的类地行星，距离太阳 1.5 亿千米。地球自西向东自转，同时围绕太阳公转。地球现在大约 46 亿岁了，起源于原始太阳星云。它有一颗天然卫星——月球，二者组成一个天体系统——地月系统。地球的表面，71% 为海洋，29% 为陆地。因此，在太空上看，地球是一个蓝色的星球。

　　在眼镜老师的第一堂课上，你学到了哪些知识呢？快来看看眼镜老师的家庭作业吧！

　　1. 什么是地球仪？

　　2. 你能说出地球上的四大洋和七大洲吗？

　　3. 请你在地球仪上找出北京、上海和乌鲁木齐的位置，并写下它们的经纬度。

第二课
月球探险

阿姆斯特朗

"丁零零——"上课的铃声响起，眼镜老师走了进来。

看，讲桌上的书是《嫦娥奔月》？

天哪，难道科学课改成了故事课？

嫦娥好漂亮！飞上天更漂亮！

46

47

"人类很久以前就实现了登陆月球。"眼镜老师说道。

阿姆斯特朗

菲菲的笔记

格林尼治时间 1969 年 7 月 21 日，美国人阿姆斯特朗乘"阿波罗 11 号"，向月球迈出第一步时说："对一个人来说，这是一小步。对人类来说，这是巨大的一步。"

"探索宇宙奥秘是人类的梦想。"眼镜老师非常激动。

我的梦想是挖掘地下宝藏！

我的梦想是只在教室里上课！

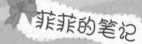

菲菲的笔记

载人航天：载人航天是人类驾驶和乘坐载人航天器在太空中从事各种探测、研究、试验、生产和军事应用的往返飞行活动。

49

"今天，我给大家请来了一位神秘嘉宾，大家掌声欢迎！"眼镜老师鼓起掌来。

菲菲的笔记

北京时间 2003 年 10 月 15 日 9 时，杨利伟乘坐"神舟"5 号飞船首次进入太空。他在太空中停留了 21 个小时，绕行地球 14 圈。

这个人看起来有点眼熟。哦，原来是我们的航天英雄杨利伟。同学们欢呼雀跃起来。

杨利伟

眼镜老师

眼镜老师告诉同学们，载人航天是难度极高的系统工程。

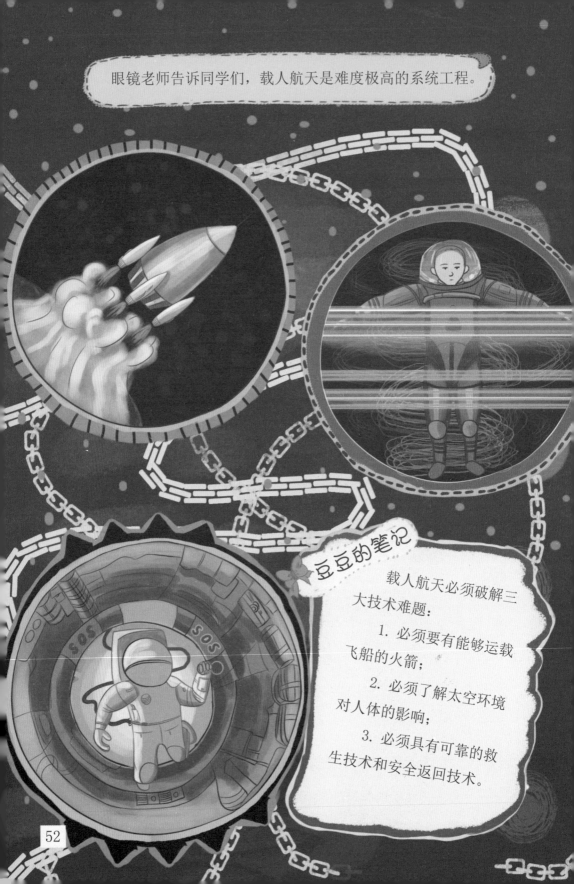

豆豆的笔记

载人航天必须破解三大技术难题：

1. 必须要有能够运载飞船的火箭；

2. 必须了解太空环境对人体的影响；

3. 必须具有可靠的救生技术和安全返回技术。

"今天，我们一起去看看，嫦娥是否住在月亮上！"
眼镜老师开始了今天的课程。

其实用望远镜看，就挺不错的！

我感觉又要开启新的旅程啦！

哇，终于要看到我的偶像啦！

眼镜老师拿出一张图纸，眼镜对准图纸的瞬间，一架宇宙飞船赫然立于眼前。老师招呼同学们赶紧上船。

菲菲的笔记

宇宙飞船是用多级火箭做运载工具，从地球上发射出去，能在宇宙间航行的飞行器。宇宙飞船是航天员在太空中移动的家，一般运行时间是几天到半个月。

在眼镜老师的指导下，我们开始了紧张的训练。

菲菲的笔记

　　我国的职业航天员要学习30多门基础理论知识，包括8大类140多个训练科目，简单概括为技术训练、心理训练和身体训练。

　　技术训练包括航空航天知识学习和模拟训练等；身体训练包括耐力训练、适应性训练等；心理训练包括心理自我调节、强化职业认知等。

训练结束，同学们迫不及待地登船。飞船内部的空间很大，除了驾驶舱和工作舱之外，还有一个生活休闲舱。

我想知道厨房里有什么好吃的！

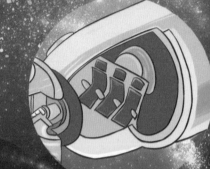

驾驶舱

工作舱

生活休闲舱

休闲舱里会有电视机吗？

菲菲的笔记

目前，宇宙飞船有一舱式、两舱式和三舱式。

"请同学们系好安全带，飞船起飞进入倒计时。10，9，8，7……3，2，1"。嗖，飞船升空了。

十几分钟后，飞船进入运行轨道。同学们感觉自己无法紧紧挨着座椅。

快抓住它！

眼镜老师仍在驾驶室紧张地操作着。

同学们东张西望。"哇，宇宙可真美！"

眼镜老师"飘"向船舱中部的厨房，给每位同学一个类似牙膏的软管子。"同学们，喝点水吧！"

这哪里是喝水，根本就是吸水啊！

水滴逃跑啦！快抓住它！

64

眼镜老师告诉大家，一些地球上的日常事情，在失重的状态下，都需要特殊安排。

菲菲的笔记

太空中，人们如何吃饭、喝水呢？

太空中，水和一些流食被装在类似装牙膏的平管状的容器中，吃的时候直接挤入嘴里。面包、饼干等都是"一口吃"包装，不需要分割。现在，航天员可以使用宇宙飞船中的微波炉加热食物。

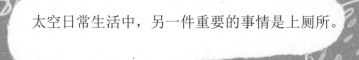

太空日常生活中，另一件重要的事情是上厕所。

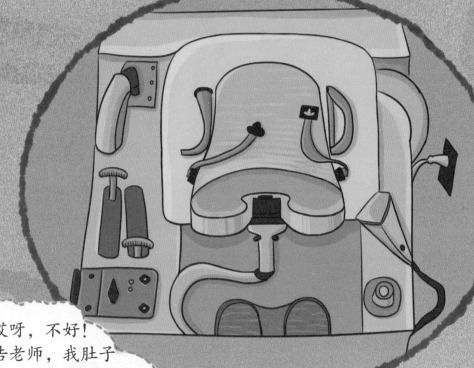

"哎呀，不好！报告老师，我肚子疼，想上厕所！"

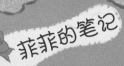

菲菲的笔记

太空厕所是什么样的？

太空厕所有点像吸尘器。航天员使用特定装置将自己固定在马桶座圈上，排便后使用不同的气压将粪便吸入储藏袋。航天员的粪便不能随意抛弃在太空中，而是存储在空间站，返回时带回地球。

航行的时间过得很快。不知过了多久，眼镜老师的声音再次响起："同学们，准备着陆！"

随着一阵剧烈的震动，宇宙飞船降落到月球表面。同学们好奇地向外观望。

眼镜老师发给每位同学一套航天服，大家整装待发。

菲菲的笔记

太空中为什么要穿航天服？

地球上的氧气、温度和水是最适宜人类生存的。宇宙飞船飞离地球后，航天员就处于宇宙射线、粒子辐射、极度寒冷和没有氧气的环境中。因此，航天员要穿上航天服保护自己。航天服能供给氧气、调节温度，还有无线通信设备，方便航天员随时与同伴联系。

为了找寻嫦娥的踪迹，眼镜老师将同学们分成两队。
第一小分队由东向西行走，他们走过高地和平原。

菲菲的笔记

　　站在地球上观察月亮，你会发现月亮有的地方亮，有的地方暗。这是因为其表面分布着明亮区和阴暗区。明亮区是高地，阴暗区是平原或盆地。它们分别被称为月陆和月海。

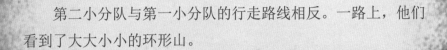

第二小分队与第一小分队的行走路线相反。一路上，他们看到了大大小小的环形山。

菲菲的笔记

环形山是月球表面的显著特征。有人说，它们的形成是因为火山喷发；也有人说，是因为其他星球的撞击。总之，还没有一种说法被普遍认同。

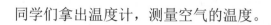
同学们拿出温度计，测量空气的温度。

月球是不是发烧了？

120 ℃

-180 ℃

菲菲的笔记

月球上没有大气，因此昼夜温差很大。白天，月球在太阳光的照射下，月表温度可达120℃；而到了夜晚，月表温度可降至 -180℃。

眼镜老师拿出一台矿物质检测仪，同学们赶紧收集泥土。

菲菲的笔记

虽然月球的体积仅为地球的1/49，但却蕴藏着更为丰富的矿产资源，尤其是稀有金属的储藏量比地球还多。

眼镜老师看了看同学们，问道："怎么样，发现嫦娥的踪影了吗？"

"没有！"虽然没找到嫦娥，但同学们丝毫不觉得失落。

"收队！"眼镜老师知道同学们失重的时间不短了，得赶紧回到地球！

我们回到飞船。飞船飞向地球，我们又一次感受到了失重。

啊……

菲菲的笔记

　　失重对人体有害吗？
　　失重对身体极为不利，如
会导致人体的骨质疏松、肌肉
松弛、免疫力下降和加速衰老
等。

79

关于月亮的歇后语

初二三的月亮——不明不白

初七八的月亮——半边阴

大年初一没月亮——年年都一样

大年三十盼月亮——妄想

上弦的月亮——两头奸（尖）

十五的月亮——完美无缺

月亮跟着太阳转——借光

八月十五的月亮——光明正大

关于月亮的成语

日新月异　日月经天　水中捞月　花前月下

星月交辉　月明星稀　捉风捕月　迁延日月

飞霜六月　风清月朗　花晨月夕　风花雪月

花残月缺　月下老人　月黑风高　月落星沉

在哥白尼提出"日心说"之前，人们一直认为地球是宇宙的核心，即托勒玫的"地心说"。

有一天，哥白尼发现太阳每天升起和落下的地方似乎都不相同。于是，他就记录下太阳每天升起和落下的地方。经过一年多的仔细观察，他发现太阳升起和落下以年为循环周期。于是，哥白尼认为不是太阳围绕着地球转，而是地球围绕着太阳转。经过近 40 年的辛勤研究，他提出了"日心体系"理论。

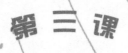

第 三 课
地球宝宝

达尔文和妈妈一起到花园里为树苗培土。

达尔文问妈妈："妈妈，泥土里能长出小狗吗？"

妈妈说："傻孩子，小狗是狗妈妈生的。"

达尔文听后说道："我是妈妈生的，妈妈是姥姥生的，我们都有自己的妈妈。那最早的妈妈是谁呢？"

妈妈回答："是上帝啊！"

"那上帝是谁生的呢？"达尔文不停地追问。这可难住了妈妈。后来，达尔文不停地钻研这个问题，终于通过进化论，说明了人类从哪里来。

"这个问题，有必要让孩子们了解！"眼镜老师抬起头扶着镜框说。

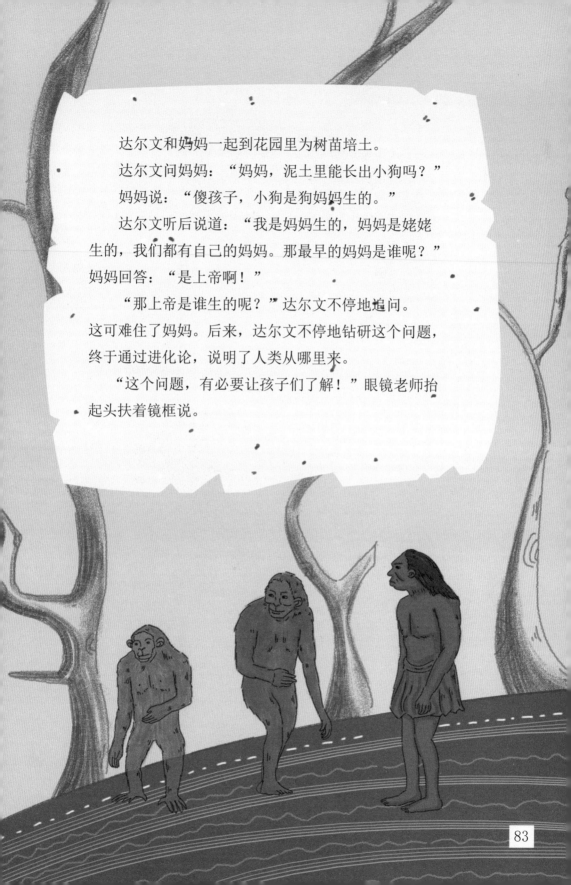

眼镜老师的课仅用有趣来形容远远不够，惊险、刺激、意外，所有你能想到的形容超级电影的词，用在这里都不过分。

恐龙呀！

难道，眼镜老师是驯龙高手！

84

85

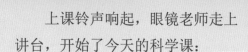

上课铃声响起，眼镜老师走上讲台，开始了今天的科学课：

"我们曾去探访月球，并未发现人类的踪迹。而我们科学小组，至今也未在太阳系中的其他星球上发现人类。"

可惜没有赶上地球出生。

不知道它能不能生小地球。

天哪！这问题听起来就头晕！

"所以，今天我们要了解的问题就是，地球是怎么来的？为什么人类诞生于地球，而不是其他星球？"

果果的笔记

太阳系中有八大行星，距离太阳从近到远的顺序排列，分别是：

水星、金星、地球、火星、木星、土星、天王星、海王星。

要了解这个问题可不容易。同学们立刻行动起来，有的翻阅图书，有的浏览网页。眼镜老师很淡定地看着同学们忙碌。

88

90

时空穿梭机静止在一个火红的世界里。

朵朵的笔记

时间：地球诞生～40亿年前

时期：冥古宙

地球大约形成于 46 亿年前，从一个炽热的岩浆球逐渐冷却固化，并出现原始的海洋、大气与陆地。那时候地质活动剧烈，到处都是火山喷发的熔岩。

在不明星体碰撞地球之前，我们穿越到另外一个时空。

真是冰火两重天啊！

果果的笔记

时间：40亿年前～25亿年前

时期：太古宙

太古宙分为始太古代、古太古代、中太古代和新太古代。这一时期，生物界出现了细菌和低等藻类，是生物演化的初级阶段。此时，地壳很薄，陆地开始形成，但面积很小，空气中的自由氧很少。

眼睛一闭一睁，就是 10 亿年！

眼镜老师旋转着时光轮盘，眨眼间便是十几亿年。这里的土地带着一些紫红色，经检测是铁元素。

不同的是，睁开眼睛，你还能看见奇怪的生物！

果果的笔记

时间：25 亿年前～5.4 亿年前

时期：元古宙

这一时期藻类植物日益繁盛，它们不断地吸收大气中的二氧化碳，释放出氧气。此时出现了最早的动物——伊迪卡拉动物群，它们生活在海底或浅海，没有头、尾和四肢，也没有嘴和消化器官！长得很奇怪呢！

同学们发现了地球上最早的动物，非常兴奋。眼镜老师继续转动时光轮盘，他要带同学们去寻找更多的动物。

棘皮动物

腕足动物

果果的笔记

时间：5.4 亿年前～现在

时期：显生宙

显生宙分为古生代（5.4 亿年前～ 2.5 亿年前）、中生代（2.5 亿年前～ 6500 万年前）和新生代（6500 万年前～现在）。每一代中又分成若干纪，比如大家熟悉的寒武纪、侏罗纪等。

古杯蛇

腹足动物

眼镜老师按下时光轮盘上的寒武纪按钮，在这里我们拍了很多动物祖先的照片。

果果的笔记

寒武纪是显生宙古生代的第一个时期。据发掘出的化石显示，寒武纪以前的漫长历史中，地球上仅有少数动物门类出现，而寒武纪中的前2000万年，突然涌现出了很多动物门类，科学家将这次生物演化称为"寒武纪生命大爆发"。

眼镜老师向正在拍照的同学们提问，这些早期的动物为什么没有存活下来呢？

冻死了？

饿死了？

被外星人杀死了？

是因为气候变化引起了物种灭绝。

果果的笔记

奥陶纪是古生代的第二纪，这一时期发生了第一次生物大灭绝，地球上一半以上的物种灭亡。生物灭绝也叫生物绝种，是周期性的或偶然的大规模集群灭绝。物种灭绝是一件十分可怕的事情，意味着这种植物或动物永久消失。

我喜欢鱼，让我看看最早的鱼是什么样的！

　　我们在时光轮盘上看到了许多从未见过的植物和动物，我们点击按钮，轮盘就会带我们来到它们身边。眼镜老师给我们每人一次点击轮盘的机会。

果果的笔记

　　最早的鱼类是没有上下颌的。它们的嘴很宽，头的边缘长着奇怪的骨板。捕食方法也很特别，通过吸入含有微小动物的水来充饥。奥陶纪中期，出现了原始脊椎动物异甲鱼类——星甲鱼和显褶鱼。

淘淘虽然偶尔有点小淘气，但在眼镜老师的课上却是好学分子。他喜欢各种植物，想看看早期的植物是什么样的。

淘淘的笔记

志留纪（古生代的第三个纪）时，植物开始登上陆地。裸蕨类和石松类是目前已知的较早陆生植物。随着植物的蓬勃发展，慢慢出现了昆虫和蛛形类节肢动物。

时光轮盘，请带我去找青蛙的祖先。

菊石

豆豆很喜欢青蛙，被称为"青蛙王子"。因此，他对两栖动物颇有好感。

总鳍鱼

甲胄鱼

淘淘的笔记

泥盆纪（古生代的第四个纪）时期，出现了早期的两栖动物迷齿类动物。不过这时期，鱼类发展得更快，被称为"鱼类时代"。

米粒和小艾虽然是女孩儿，但也像男孩儿一样对恐龙着迷。

豆豆的笔记

最早的恐龙出现于中生代（2.5亿年前～6500万年前）的三叠纪（中生代第一纪），比如翼龙、槽齿龙和板龙。同时期，原颚龟也出现了。陆地上，苏铁、石松和舌羊齿生长繁茂。

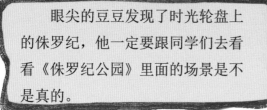

眼尖的豆豆发现了时光轮盘上的侏罗纪，他一定要跟同学们去看看《侏罗纪公园》里面的场景是不是真的。

侏罗纪公园，我们来了！

除了时光穿梭机和轮盘，我们需要更多的装备！

米粒的笔记

侏罗纪（中生代第二纪）时期，翼龙是常见的飞行动物，同时鱼类和海洋爬行动物的发展十分迅速，包括鱼龙目、蛇颈龙目、海生鳄鱼等。飞行的恐龙是鸟类的祖先。

最早的恐龙出现在约 2.4 亿年前，在约 6500 万年前灭绝，生存在地球上超过 1.6 亿年。今天，我们根据恐龙化石，将其分为两大类目：蜥臀目、鸟臀目。

104

蜥臀目分为蜥脚类和兽脚类。

蜥脚类包括板龙、马门溪龙等。

兽脚类包括暴龙和异特龙等。

鸟臀目分为鸟脚类、剑龙类、甲龙类、角龙类和肿头龙类。

鸟脚类的恐龙留下了大量的化石，他们全都是植食性恐龙，包括鸭嘴龙、禽龙等。

剑龙类包括剑龙、肯氏龙等。

甲龙类天生具有铠甲，以植物为食，包括包头龙和埃德蒙顿龙。

角龙类是四足行走的植食性恐龙，比如与霸王龙齐名的三角龙、原角龙等。

肿头龙类因为头骨肿厚而得名，最具代表的是肿头龙。

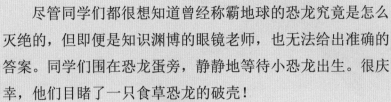

　　尽管同学们都很想知道曾经称霸地球的恐龙究竟是怎么灭绝的，但即便是知识渊博的眼镜老师，也无法给出准确的答案。同学们围在恐龙蛋旁，静静地等待小恐龙出生。很庆幸，他们目睹了一只食草恐龙的破壳！

豆豆的笔记

　　关于恐龙灭绝的原因，科学家们提出了几十种假说，但至今没有一个统一结论。

　　有的科学家提出陨石撞击地球说，有的科学家提出小行星撞击地球说，有的科学家提出火山爆发说，等等。

　　如果你喜欢研究古生物，不妨搜集一下关于恐龙灭绝的知识。

眼镜老师说时光大门不会一直敞开，他们剩下的时间不多了。于是，朵朵毫不犹豫地点击了陆地按钮。

朵朵的笔记

6500万年前至今被称为新生代。这一时期地壳强烈运动，形成了如今的六大板块：亚欧板块、太平洋板块、美洲板块、非洲板块、印度洋板块和南极洲板块。

眼镜老师以南美洲和非洲为例，向我们展示了大陆板块漂移的动态图。原来各个板块是缓慢移动的，只是我们没有感觉到。

原来我们生活在"陆地船"上呀！

扫一扫
看看大陆板块是
如何漂移的

朵朵的笔记

大陆漂移学说认为，距今 2 亿年前地球的陆地是连成一片的，后来开始分裂，并不断漂移，最终形成了今天我们看到的六大板块。

朵朵从小就是故事迷，她对盘古开天辟地、女娲造人的故事耳熟能详。因此，她特别想了解人类的祖先究竟是谁。于是，她点击了时光轮盘的人像按钮。

果果的笔记

关于物种的起源有很多假说，其中达尔文的进化论被很多人接受。达尔文的进化论认为，所有的生物都来自共同的祖先，物种是可以进化的。

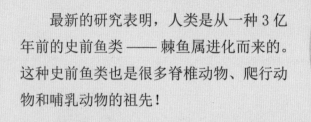

最新的研究表明，人类是从一种 3 亿年前的史前鱼类 —— 棘鱼属进化而来的。这种史前鱼类也是很多脊椎动物、爬行动物和哺乳动物的祖先！

如果是从鱼类进化来的，那我为什么不会游泳呢？

人类的进化主要包括三个阶段：古猿阶段、猿人阶段和智人阶段。

古猿

猿人

智人

米粒的笔记

恩格斯认为劳动创造了人类，人与动物的本质区别是劳动。

如何判断人类的起源地呢？眼镜老师说，考古现场或许能给我们答案。于是，我们转动轮盘，来到了考古现场。

考古学者们在忙碌着，眼镜老师给我们带来了工具，我们在旁边小心翼翼地帮忙。挖掘出的化石，通过分析研究测算出年代。

米粒的笔记

考古学中的史前考古是考察原始人类遗迹的专门学科。考古学家结合地质学、古生物学等知识，发掘遗迹和遗物，借以进行科学分析得出结论。

113

眼镜老师提醒我们，时光大门即将关闭，还有最后一个穿越时空的机会。菲菲提出要去看看原始人的衣食住行。

朵朵的笔记

原始人如何取火？

钻木取火是原始人常见的取火方式，不过并不方便。后来，他们发现了一种叫"独居石"的石头，在空气中碰撞便会产生火花。

同学们来到了原始人生活的群落，远远地看着他们享用美餐。

我喜欢吃水果！

我喜欢吃烤肉！

小艾的笔记

原始人吃什么？

最开始，原始人依靠采摘野果为生。后来，随着工具的发展，他们开始狩猎。饮食逐渐丰富起来。

原始人的衣服很特别。

原始人穿什么衣服？

原始人最开始穿草衣服，后来学会了利用兽皮做衣服。兽皮衣是用骨针缝起来的，比草衣服更保暖、更舒适。他们还用兽牙、石珠穿成项链戴在脖子上作为装饰，可见原始人也是很爱美的！

豆豆的笔记

同学们偷偷溜进原始人居住的树上木屋，看看这，看看那，十分好奇。这时眼镜老师催促大家，时光大门马上就要关闭了，我们必须在3分钟之内回去，否则就将永远留在原始人的世界了。

小艾的笔记

原始人住哪里？

最开始，原始人居住在阴暗潮湿的山洞里，还常常受到野兽的攻击。后来，他们学会了用木头建造房屋。为了安全，他们将房子建在大树干的粗壮枝丫上，有点像鸟巢哦！

我们在时光大门关闭之前，回到了教室。回想着这次时空探险，同学们意犹未尽。眼镜老师建议同学们绘制一个地球年谱，用来记录地球宝宝的诞生、成长和人类的起源、发展。同学们做得很认真呢！

奥陶纪无脊椎生物主导时期

出现生命

4.95亿年前～4.4亿年前

5.45亿年前～4.95亿年前

35亿年前

地球诞生

40亿年前

寒武纪生命大爆发

46亿年前

地壳出现，进入地质时期

第三纪现代生物时代来临

今天

石炭纪和二叠纪出现最早的森林

6500万年前～180万年前

人类生存发展于自然并影响着自然

2.5亿年前～6500万年前

3.54亿年前～2.5亿年前

中生代恐龙霸占海、陆、空

4.4亿年前～3.54亿年前

志留纪和泥盆纪脊椎动物主导时期

这不仅是一本少儿读物 更是孩子的科学问题 解决方案

建议扫描二维码
配合本书使用

【 本书特配线上阅读资源 】

 新书试读：为读者提供新书试读，方便读者查看同系列图书的最新内容。

 家长伴读群：家长加入阅读伴读群，共同探讨辅导孩子高效阅读的方式方法，分享伴读经验。

 阅读助手：为读者提供专属阅读服务，满足个性阅读需求，促进多元阅读交流，让读者学得快、学得好。

【 获取资源步骤 】

第一步　微信扫描本页二维码

第二步　添加出版社公众号

第三步　点击获取你需要的资源或者服务

微信扫描二维码
领取本书阅读资源